動物のちえ ❸

育てるちえ
引っこしをして子育てするツバメ ほか

元井の頭自然文化園園長 **成島悦雄** 監修

動物にとって、子どもを育てることは、
とても大切なことです。
卵や赤ちゃんを産み、子どもを育てて、
なかまをふやさなければ、
その動物は、いなくなってしまいます。

イノシシの母親は、春に3〜8頭の子どもを産み、
3か月ほど、子どもに乳をやって育てます。
そして、いつも子どもといっしょにいて、
子どもをおそおうとする敵から守ります。

イノシシの母親と子どもは、
8か月ほど、ともに過ごします。
乳ばなれした子どもは、独りだちするまでの間に、
食べられる物や食べられない物の区別、
危険からのがれる方法や毛づくろいの仕方など、
生きていくのに必要なことを、
母親の行動を見て、覚えていきます。

イノシシ

メスと子どもで群れをつくって、オスは1頭でくらす。子どもの体毛は、しま模様で、まわりにとけこんでめだたない。

分類 ● ほ乳類ウシ目（偶蹄目）イノシシ科
体長 ● 90〜150cm　体重 ● 50〜200kg
食べ物 ● 植物の葉や根、果実、ミミズ、小動物の死がいなど
生息環境 ● 開けた森林や草原
分布 ● アフリカ北部、ヨーロッパ、アジア

海にすむ動物の多くは、大量の卵を
海中に、ばらまくように産卵します。

暖かい海に見られるサンゴは、
植物のようにも見えますが、
イソギンチャクやクラゲに
近いなかまの小さい生き物が、
集まってくらしている動物です。

多くのサンゴは、一年に一度、
満月のころの夜に、たくさんの卵を
いっせいに海の中に放ちます。

卵には、サンゴの子どもが
育つための栄養がたっぷり。
サンゴの卵は、海中をただよううちに、
その多くが、ほかの動物に
食べられてしまいます。

しかし、それは親もわかっていること。
卵をたくさん産むことで、
食べられても食べられても、
そのなかのいくつかは生きのこって
おとなになる、という作戦なのです。

ミドリイシのなかま

150種ほどが知られているサンゴ。集まってくらし、木の枝のような形や、テーブルのような形などになる。

分類 ● 刺胞動物イシサンゴ目ミドリイシ科
食べ物 ● 動物プランクトンなど
生息環境 ● 暖かく浅い海
分布 ● インド洋〜太平洋〜大西洋

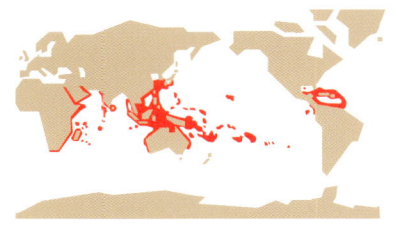

卵を守り育てるちえ

海にすむ多くの動物は、サンゴと同じように、
親は卵を産みっぱなしで、世話をすることはありません。
しかし、なかには、ちえをしぼって、
親が卵を守り、育てる動物がいます。

ウィーディーシードラゴンは、タツノオトシゴのなかまです。
この魚は、体から出ているひらひらのかざりや、
ただようように泳ぐ姿が海そうににていて、
食べようとねらう敵も、なかなか見つけることはできません。

ところが、ウィーディーシードラゴンの卵は、ピンク色。
これでは、親の体が海そうにそっくりでめだたなくても、
ピンク色の卵はめだってしまい、食べようとねらう敵に
見つかってしまうかもしれません。

ここでウィーディーシードラゴンは、ちえを使います。

メスが、オスの尾の腹側に卵を産みつけて、
卵がかえるまでの4～6週間ほど、オスが守るのです。

オスは卵を守るために、さらにちえをしぼります。

ウィーディーシードラゴン

体に黄色いはん点の模様がある。海中を
ただようように泳ぐ。

- 分類 ● 魚類タウナギ目ヨウジウオ科
- 全長 ● 約45cm
- 食べ物 ● 小さいエビなど
- 生息環境 ● 暖かい海の、沿岸の岩場や
  海そうがしげる場所
- 分布 ● オーストラリア南部、タスマニア

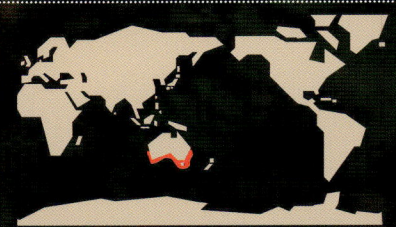

ふつう、卵を守る魚は、カビが生えたり、死んだりしないよう、
卵にまんべんなく新せんな水が当たるように気を配ったり、
くっついたごみや海そうを取りのぞいたりと、まめに世話をします。

しかし、ウィーディーシードラゴンのオスは、そういうことはしません。
卵に海そうが生えはじめても、そのまま放っておくのです。

しばらくすると、海そうがのびて、卵はだいぶ、めだたなくなりました。
これなら、食べようとねらう敵にも見つかりにくく、安全です。

浅い海にすむ、スジオテンジクダイも、
ちえをしぼって卵を守る魚として、知られています。

ところが、スジオテンジクダイのオスは、
メスが産む卵を、口の中に吸いこんでいきます。

オスは、まるで卵を食べているようにも見えますが、
いったい、なにをするつもりなのでしょうか。

スジオテンジクダイ

かがやくしま模様がある、体の小さい魚。少数の群れでくらす。

分類 ● 魚類スズキ目テンジクダイ科　全長 ● 約8cm
食べ物 ● 小さいエビやカニ
生息環境 ● 暖かく浅い海の岩場やサンゴ礁
分布 ● インド洋、東南アジア、日本（千葉県〜屋久島の太平洋沿岸）

郵便はがき

料金受取人払郵便

牛込局承認
7559

差出有効期間
2023年4月30日
(期間後は切手を
おはりください。)

162-8790
東京都新宿区市谷砂土原町3-5

偕成社　愛読者係 行

ご住所	〒□□□-□□□□　　　　　　　　　　　　都・道 府・県 ふりがな
お名前	ふりがな　　　　　　　　　　　　　　　　お電話

● ロングセラー＆ベストセラー目録の送付を……　□希望する　□希望しない

● 新刊案内を……　□希望する→メールマガジンでご対応しております。メールアドレスをご記入ください。
　　　　　　　　　□希望しない
　　　　　　　　　　　　　　@

偕成社の本は、全国の書店でおとりよせいただけます。
小社から直接ご購入いただくこともできますが、その際は本の代金に加えて送料＋代引き手数料（300円〜600円）を別途申し受けます。あらかじめご了承ください。
ご希望の際は 03-3260-3221 までお電話ください。

SNS（Twitter・Instagram・LINE・Facebook）でも本の情報をお届けしています。
くわしくは偕成社ホームページをご覧ください。

オフィシャルサイト
偕成社ホームページ
http://www.kaiseisha.co.jp/

偕成社ウェブマガジン
kaisei web
http://kaiseiweb.kaiseisha.co.jp/

＊ご記入いただいた個人情報は、お問い合わせへのお返事、目録の送付以外の目的には使用いたしません。

ご愛読ありがとうございます

今後の出版の参考のため、みなさまのご意見・ご感想をお聞かせください。
〈年齢・性別の項目へのご回答は任意です〉

この本の書名『　　　　　　　　　　　　　　　　　　　　　　　　　』

この本の読者との関係
□ご本人　□その他（　　　　　　　　　　　　　　　　　　　　　　　）

ご年齢 （読者がお子さまの場合お子さまの年齢）　　　　　歳（性別　　　）

この本のことは、何でお知りになりましたか？
□書店店頭　□新聞広告　□新聞・雑誌の記事　□ネットの記事　□人にすすめられて
□図書館・図書室　□偕成社の目録　□偕成社のHP・SNS
□その他（　　　　　　　　　　　　　　　　　　　　　　　　　　　　）

作品へのご感想、ご意見、作者へのおたよりなど、お聞かせください。

ご感想を、匿名でウェブサイトをふくむ宣伝物に使用させていただいてもよろしいですか？　□匿名で可　□不可

スジオテンジクダイのオスは、
卵がかえるまでのおよそ２週間、
口の中で卵を守るのです。

オスは、その間、口の中が
たくさんの卵でふさがってしまうので、
なにも食べられません。
しかし、たとえおなかが空いても、
けっして卵を食べることはありません。

そして、ときどき、酸素をふくんだ
新せんな海水が卵に当たるように、
口を大きく開けて海水を入れかえたり、
卵を口から出して、ふたたび
くわえなおしたりします。

やがて、卵からかえった
赤ちゃんたちは、オスの口から、
いっせいに、はき出されます。

オスのがんばりで、
スジオテンジクダイの赤ちゃんたちは、
広い海へと旅立っていきました。

敵から守り育てるちえ

動物には、卵がかえったり、赤ちゃんが生まれたりしたあとも、
さまざまなちえを使って、子どもを守り、育てる動物がいます。
弱い子どもには、食べようとねらう敵が、たくさんいるからです。

オオアリクイは、その名前のとおり、
アリや、シロアリを食べる動物。
ねばねばした長い舌に
アリや、シロアリをくっつけて、なめ取ります。
オオアリクイの口が細長いのは、
その長い舌をしまっておくためです。

オオアリクイの親子にも、危険がせまりました。
動物が、子どもを危険から遠ざけるときは、
くわえたり、かかえたりして、
安全なところに運ぶのが、ふつうです。
しかし、オオアリクイの細長い口では、とても、
子どもをくわえて運ぶことなどできません。
そうかといって、前足で、子どもをかかえて
運ぶこともできません。

そこで、オオアリクイの親は、ちえを使います。

子どもを背中に乗せて、運ぶのです。
このとき、子どもは、体の模様が、
ちょうど親の体の模様とつながって、
不思議とめだたなくなります。

これなら安全な場所まで、たどり着けそうです。

オオアリクイ

においでアリやシロアリの巣を見つけると、前足の長いつめで巣をこわし、開いた穴に長い舌を入れて、なめ取って食べる。舌の長さは60センチメートルほどもある。危急種。

分類 ● ほ乳類アリクイ目（貧歯目）アリクイ科
体長 ● 110〜200cm　尾長 ● 60〜90cm　体重 ● 22〜39kg
食べ物 ● アリやシロアリ
生息環境 ● 開けた林や草原
分布 ● 中央アメリカ〜南アメリカ

ナイルワニは、アフリカにすむワニです。
ふだんは、水中や水辺にいて、
するどい歯と、強力なあごで
えものをしとめて、食べています。

卵を産むときは、水辺から少しはなれた地面に
穴をほり、巣をつくります。しかし、巣に卵を
産みっぱなしにすれば、あっという間に、
オオトカゲなどの動物に食べられてしまいます。
そのため母親は、巣のそばで卵を守ります。

やがて、卵のからを内側から割って、
子どもが出てきますが、なかには、
子どもがなかなか出てこない卵もあります。

そんなとき、ナイルワニの母親は、
ちえをはたらかせます。

ナイルワニ

はば広い口をした、体の大きいワニ。1回に産む卵は50〜80個。

分類 ● は虫類ワニ目クロコダイル科
全長 ● 4.5〜5.5m
体重 ● 約400kg　食べ物 ● 魚や大型のほ乳類
生息環境 ● 川や沼などの水辺
分布 ● アフリカ、マダガスカル

まだ子どもが出てこない卵を口にくわえると、おどろくほどおだやかな動きで、卵のからをかんで割り、子どもが出てくるのを手伝うのです。

しかし、こうして子どもたちが生まれても、こんどは、子どもを食べようとねらう敵がたくさん現れます。

ここで、ナイルワニの母親は、また、ちえを使います。

生まれたばかりの子どもを、するどい歯がならぶ口で、
注意ぶかく、傷つけないようにくわえ上げ、舌の上に乗せて、
川の、流れのない場所まで運ぶのです。

そこで、ナイルワニの母親は、子どもたちを、
食べようとねらう肉食の魚や、ワシなどの敵から守りながら、
3か月ほど、いっしょに過ごして育てます。

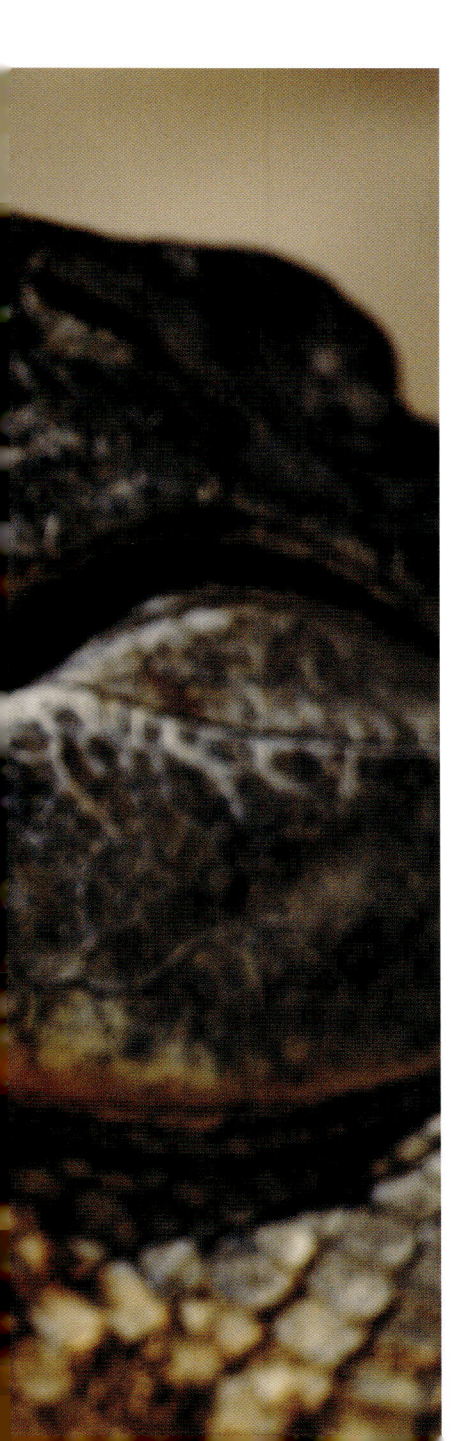

コチドリは、海岸や川原、畑など、開けた場所でくらす鳥です。
子育てをする巣も、そのような場所の、砂利の地面につくります。

でも、開けた場所につくった巣は、キツネなどの敵から丸見え。
かくしようがありません。
それに、たとえ、かくす場所があっても、
鳥には、ひなをくわえて運ぶことはできません。
とにかく、敵が巣に近づかないようにすることが大切です。

そこで、コチドリの親は、ちえをしぼります。

コチドリの親は、敵を見つけると、タタタッと早足で巣をはなれ、じゅうぶんに遠くへ行ったところで、とつぜん鳴き声をあげて、敵の注意を引きつけます。
そして、どう見ても、けがをしているようなようすで、地面の上で羽を広げて、バサバサとうるさく羽ばたかせるのです。

さらに、コチドリの親は、羽を引きずりながら、よろよろと歩き、巣から、より遠いほうへと移動していきます。

それを見た敵は、コチドリの親が、けがをして弱っていると信じこみ、
かんたんにつかまえられるだろうと、近づいてきます。
ところが、敵につかまる直前、弱っていたはずのコチドリの親は、
とつぜん羽を広げて、空中へ飛びさるのです。

親の名演技のおかげで、コチドリの卵やひなは、
食べようとねらう敵に見つかることもなく、守られました。

コチドリ

くちばしが短く、足が長い。日本へは、夏にやってきて子育てをする。1回に産む卵は3〜4個。

分類 ● 鳥類チドリ目チドリ科
全長 ● 約16cm　体重 ● 30〜50g
食べ物 ● ミミズや水の中にすむ昆虫など
生息環境 ● 海岸、川原、畑など
渡りをする個体の分布 ●
　ヨーロッパ〜アジア（■子育ての場所）、
　アフリカ・東南アジア（■冬ごしの場所）
渡りをしない個体の分布 ●
　インド〜ニューギニア島（■）

暑い場所で育てるちえ

赤道近くの暑い地域には、一年の間に、雨がほとんど降らない時期と、
たくさん降る時期とが、はっきり分かれている場所があります。
そのような場所にすむ動物は、雨が降らない、暑くかわいた時期も、
ちえをしぼって子どもを守り、育てています。

アフリカの草原にすむ、ハシビロコウという鳥は、
地面に巣をつくって、子育てをします。
アフリカの太陽の日差しは強く、
そのまま浴びつづけていると、体の小さいひなは
体温が上がって、すぐに弱ってしまいます。

そこでハシビロコウの親は、ちえを使います。

ひなのそばに立って、日かげをつくってやり、
強い日差しから、ひなを守るのです。

ハシビロコウ

羽を広げると、2メートル以上になる大型の鳥。1回に産む卵は1〜2個。危急種。

分類 ● 鳥類コウノトリ目ハシビロコウ科
全長 ● 100〜140cm　体重 ● 4〜7kg
食べ物 ● ナマズやハイギョなどの魚
生息環境 ● 川や湖、沼などの水辺
分布 ● アフリカ中部〜南部

ハシビロコウの親は、さらにちえをしぼります。
池や川に飛んでいき、大きなくちばしの中に、たっぷり水を入れて巣に持ちかえり、熱くなったひなの頭の上に、ジャバジャバとかけてやるのです。
これで、ひなの体温も、ぐんと下がります。

アフリカウシガエルも、暑いアフリカにすんでいます。
メスは、雨がたくさん降る時期に、一時的にできる水たまりに、
1ぴきで3000〜4000個の卵を産みます。

アフリカウシガエルの卵は、多くのカエルの卵よりも早くかえり、
おたまじゃくしになります。
水たまりが干上がってしまう前に子ガエルになって、
陸に上がらなければならないからです。

けれど、そのあと、雨が少なく、暑い日が続いて、
子ガエルになる前に水たまりが干上がってしまったら、
おたまじゃくしは死んでしまいます。

そんなとき、たよりになるのは、アフリカウシガエルのオスです。

オスは、メスが水たまりに卵を産んだあとも、水たまりのそばにいて、卵や、かえったおたまじゃくしを、食べようと近づく敵から守っています。

そしてオスは、水たまりの水が少なくなると、ちえをはたらかせます。

アフリカウシガエル

大型のカエルで、一年のほとんどを地下の穴で過ごす。雨がたくさん降る時期に現れて、卵を産む。

分類 ● 両生類無尾目アフリカウシガエル科
体長 ● 11〜20cm
食べ物 ● 小鳥やネズミ、カエル、昆虫など
生息環境 ● かわいた草原
分布 ● アフリカ南部

自分の体を使って、ブルドーザーのように
ざっくざっくと水路をほり、近くの別の水たまりから、
おたまじゃくしのいる水たまりまで、水を引いてくるのです。

オスのおかげで、アフリカウシガエルのおたまじゃくしたちは、
なんとか子ガエルになれそうです。

引っこしをして育てるちえ

動物には、敵が少ない場所や、食べ物が多い場所で
子育てをしようと、ちえを使うものがいます。
なかには、そのような場所を求めて、広い海や高い山をこえ、
命がけで長距離を移動して、引っこしをする動物もいます。

ツバメは冬の間、東南アジアでくらしています。
東南アジアは、一年じゅう暖かく、
昆虫などの食べ物もたくさんある場所です。
しかし、食べ物だけでなく、卵やひなをねらう
ヘビなどの敵も多い場所なので、子育てには向いていません。

そこでツバメは、ちえをしぼります。

北へ4000キロメートル以上も旅をして、
はるばる日本へ引っこしてくるのです。
これは、敵の少ない場所で、卵を産み、
子育てをするためだと考えられています。

ツバメがやってくる、春から夏にかけての日本は、
昆虫の数もふえるので、子育てをするのにぴったりです。

ツバメは毎年、だいたい決まったコースを飛んできます。
地図も方位磁石も持たずに、どのようにして、
目的地の方向がわかるのでしょうか。

昼間に空を飛び、夜は地上で休けいをとりながら、
長い旅を続けるツバメは、太陽の位置と、陸の地形を見て、
自分のいる場所がわかると考えられています。

ツバメ

長い尾羽がめだつ。ツバメは世界じゅうで見られるが、日本にくるものは、東南アジアから渡ってくる。1回に産む卵は4〜6個。

分類 ● 鳥類スズメ目ツバメ科
全長 ● 約17cm　体重 ● 9〜15g
食べ物 ● 昆虫　生息環境 ● 市街地、農耕地
渡りをする個体の分布 ● ヨーロッパ〜北アメリカ(■子育ての場所)、アフリカ〜中央・南アメリカ(■冬ごしの場所)
渡りをしない個体の分布 ● ヨーロッパ・アフリカ・アジア・中央アメリカ(■)

日本にきたツバメは、毎年、ほぼ同じ場所に巣をつくり、卵を産みます。

ツバメはさらに、巣をつくる場所を選ぶときにも、ちえを使います。

家の軒下、店の看板の上など、人間がいる場所に巣をつくるのです。
そこには、ヘビやカラスなどの敵も、なかなか近づけないからです。

ひながかえると、ツバメの親は、飛んでいる昆虫をつかまえてきては
2〜3分おきにひなにあたえ、巣立ちまで育てます。
そして、夏の終わりには、また、南の東南アジアへと帰っていくのです。

ツバメのほかにも、子育てのために、季節ごとに引っこしをする鳥がいて、
この行動は「渡り」とよばれます。

サケは、一生のほとんどを、食べ物の豊富な海で過ごします。
けれど、海には、サケの卵や赤ちゃんを食べる敵も多くいます。

そこでサケは、ちえをはたらかせます。

はるばる海を泳いで、自分が生まれた川に、もどってくるのです。
これは、敵の少ない川の上流に、卵を産むためと考えられています。

海でくらしていたころのサケの体は、銀色に光っていますが、
川へもどろうとするころには、茶色っぽくなり、
まだらの模様が現れます。
これは、サケの体の中で、海から川へもどる準備ができたしるしで、
オスではさらに、上あごが曲がるなど、顔つきも変化します。

しかし、サケが川から海に下ったのは、4年ほども前のこと。
広い海にいて、どうやって自分の生まれた川を見つけるのでしょうか。

サケはまず、太陽の位置をたよりに、
生まれた川の河口の沖合いまで、海を泳いでくると考えられています。
そこから先の手がかりは、においです。
サケは成長しても、自分が生まれた川の水のにおいを覚えていて、
その川の近くにくると、においでわかるのです。

においをたよりに、自分が生まれた川の河口までたどりつくと、
こんどは、ふるさとの上流へと、流れに逆らいながら、のぼります。

サケ

シロザケともいう。川にきてからは、なにも食べない。メスは約3000個の卵を産む。

分類 ● 魚類サケ目サケ科
全長 ● 約110cm
食べ物 ● 小型の魚やイカなど
生息環境 ● 冷たい海
分布 ● 朝鮮半島～日本～北アメリカ

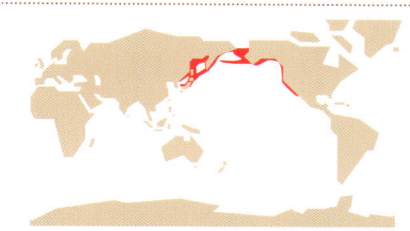

川の上流に泳ぎついたサケは、
メスが、オスとならんで、卵を産みます。
産み終わると、尾びれをふって
砂利をかけ、卵をかくします。

そして、海から続いた長くつらい旅と、
産卵という大仕事を終えた親は、
力つきて、まもなく死んでしまいます。

サケの親は、卵や赤ちゃんの世話を
することはありませんが、
卵や赤ちゃんを食べる敵が少ない
川の上流に卵を産むために、
せいいっぱいのちえと命を使ったのです。

協力して育てるちえ

動物には、親だけでなく、祖母や姉、兄、群れのなかまなどがいっしょに、
ちえや力を出しあい、協力して、子育てをするものがいます。

キツネは、母親と父親が力を合わせて、
4～6頭の子どもを育てます。

母親は、子どもといっしょにいて、お乳をあたえます。
そして、まだ毛が生えそろわず、
体温の調節ができない間は、
おなかと、ふさふさのしっぽを使って温めてやります。
父親は、巣や子どもを敵から守ったり、
母親の乳がよく出るように、
せっせと食べ物を運んできたりします。

しかし、やんちゃな子どもがたくさんいると、
母親と父親だけでは、子育ての手が足りません。

そんなとき、キツネは、ちえを使います。

アカギツネ

鼻先が細くとがり、大きな耳と、ふさふさした長い尾をもつ。おもに、朝早くや夕方に活動する。

分類 ● ほ乳類ネコ目（食肉目）イヌ科
体長 ● 50～90cm　尾長 ● 25～55cm
体重 ● 3～7kg
食べ物 ● ネズミやカエル、昆虫、果実や木の実など
生息環境 ● 明るく開けた畑や草原
分布 ● 北半球の広い地域、日本（北海道に亜種のキタキツネ、本州、四国、九州に亜種のホンドギツネ）

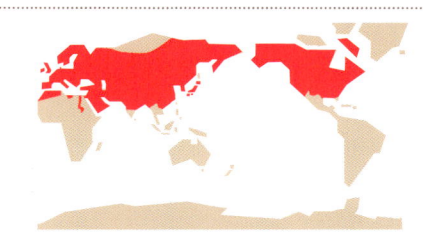

子どもたちのお姉さんや、
祖母や、おばさんにあたる
メスのキツネが近くにすんでいて、
子育てを手伝いにやってくるのです。

手伝いにきたメスのキツネは、
毛づくろいをしてやったり、
いっしょに遊んでやったりして、
子どもの世話をします。

子どもは、いっしょにいる
おとなの行動を見て、
危険な動物や、食べられる物と
食べられない物の区別など、
生きていくのに必要なことを
学んでいきます。

これでなんとか、
子どもたちは全員、
ぶじに育ちそうです。

すべてが氷におおわれた南極大陸は、
地球上でもっとも寒い土地です。
冬は一日じゅう、太陽がのぼらず、ときには、
気温がマイナス60度にまで下がります。

コウテイペンギンは、そんな真冬の南極で、
2万5000羽にもなる大きな群れをつくり、
子育てをする鳥です。

コウテイペンギンが1回に産む卵は1つ。
母親は産卵後、体力を取りもどすために、
イカや魚を食べに海へ行ってしまい、
その間、卵は父親が温めます。

コウテイペンギンの子育ての最大の敵は、
南極の寒さです。
万が一、卵を氷の上に置きざりにでもしたら、
あっという間に、こおりついてしまいます。

そこで父親は、卵が冷たい地面にふれないよう、
足の上に乗せ、上から、たるんだおなかの
皮ふをかぶせて、温めてやります。
体の熱が卵によく伝わるよう、おなかの皮ふの
卵が納まる部分には、羽毛が生えていません。

コウテイペンギン

ペンギンのなかまで、いちばん体が大きい。400メートル以上の深さの海中まで、もぐることができる。

分類 ● 鳥類ペンギン目ペンギン科　全長 ● 約120cm
体重 ● 20〜45kg　食べ物 ● 魚やイカ
生息環境 ● 海、産卵と子育ては氷上　分布 ● 南極

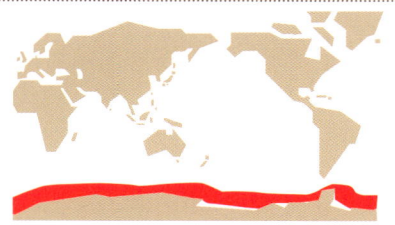

それにしても、おなかいっぱい食べた母親たちがもどってくるのは、2か月以上も先。
それまでは、きびしい寒さのなか、父親たちだけで卵を温めつづけなければなりません。

ここで、コウテイペンギンの父親たちは、ちえをしぼります。

みんなで体を寄せあい、おしくらまんじゅうをするのです。
そうすることで、体からにげる熱は、半分にまで減ると考えられています。
また、外側のペンギンが、群れの中心に入っていこうとするせいで、
群れの外側と内側は、いつもゆっくりと入れかわっています。
そのため、外側にいるペンギンだけが、こごえてしまう危険は少なくなります。

やがて、母親たちが胃に食べ物をたくさんためてもどってくるころ、
卵がかえって、コウテイペンギンのひなが誕生します。

父親たちはなにも食べずに卵を温めつづけて、体重は半分近くになっています。
そこで、母親が帰ってくると、今度は父親が海へと旅立ちます。
そのあとも、母親と父親は交代で、海に行っては帰りをくりかえしながら、
胃にためてきた食べ物をはきもどして、ひなにあたえます。

こうして、コウテイペンギンのひなは、南極のきびしい冬に、
父親と母親、群れのなかまが協力して子育てをするおかげで、育っていきます。
そしてちょうど、南極でいちばん食べ物の豊富な夏に、
独りだちの時期をむかえることができます。

動物は、自分たちの子孫を残し、なかまをふやすために、
さまざまなちえを使い、卵や子どもを守り、育てています。

動物の育てるちえ

　地球は、今から46億年前に生まれたと考えられています。それから6億年ほどが経ったころ、海で最初の生命が誕生しました。その後、現在まで、40億年という気の遠くなるような長い時間が経ち、その間にいろいろな生物が現れては消えていきました。しかし、生命そのものは、現在もとぎれることなく続いています。

　生命はなぜ、長い年月の間、とぎれることなく続いてきたのでしょうか。それは、生物が、卵や赤ちゃんを産み、育てるなどの方法で、それぞれ子孫を残してきたからです。

　動物は、子孫を残す方法によって、大きく次の2つに分けることができます。1つ目は、数多く産んで、親は子育てをせず、少しでも生き残ればよしとする動物。2つ目は、少し産んで、親が世話をして、確実に育てる動物です。子どもを産んで育てる人間は、2つ目のタイプです。

　卵を産む場合、数多くの卵を産みっぱなしにする動物では、メスは卵をつくるのに、栄養をたくさん取る必要があります。でも、いったん産んでしまえば、あとはとくに手間がかかることはありません。いっぽう、卵を少し産んで大切に育てる動物では、卵をつくるための栄養は少なくてすみます。しかし、卵や、卵から生まれた赤ちゃんを敵に食べられずに育てるためには、さまざまな努力が必要となります。

　子孫を残さなければ、その種は絶滅してしまいます。この本で紹介したように、動物はそれぞれ、自分の子孫を残すために、卵を体につけて守ったり、子どもを安全な場所に運んだり、子育てに向いた場所へ長距離を移動したりなど、さまざまな「ちえ」をはたらかせているのです。

成島悦雄（元井の頭自然文化園園長）

子どもを口にくわえて、安全な場所へ運ぶライオン。

監修

成島悦雄（なるしま・えつお）

1949年、栃木県生まれ。1972年、東京農工大学農学部獣医学科卒。上野動物園、多摩動物公園の動物病院勤務などを経て、2009年から2015年まで、井の頭自然文化園園長。著書に『大人のための動物園ガイド』（養賢堂）、『小学館の図鑑NEO 動物』（共著、小学館）などがある。監修に『原寸大どうぶつ館』（小学館）、『動物の大常識』（ポプラ社）など多数。翻訳に『チーター どうぶつの赤ちゃんとおかあさん』（さ・え・ら書房）などがある。日本動物園水族館協会専務理事、日本獣医生命科学大学獣医学部客員教授、日本野生動物医学会評議員。

写真提供	ネイチャー・プロダクション、アマナイメージズ、Biosphoto、FLPA、Minden Pictures、National Geographic、Nature Picture Library
ブックデザイン	椎名麻美
校閲	川原みゆき
製版ディレクター	郡司三男（株式会社DNPメディア・アート）
編集・著作	ネイチャー・プロ編集室（三谷英生・佐藤暁）

※この本に出てくる動物の名前は、写真で取り上げている動物に合わせて、種名、亜種名、総称など、さまざまな表記をしています。
※この本に出てくる鳥の分類は、『日本鳥類目録 改訂版第7版』（2012年、日本鳥学会）を参考にしています。
※この本に出てくる動物のなかには、絶滅のおそれがある動物もいます。本書では、国際自然保護団体である国際自然保護連合（IUCN）の作成した「レッドリスト2013」（絶滅のおそれのある野生動植物リスト）をもとに、絶滅の危険性の度合いの高いものから、順に「近絶滅種」「絶滅危惧種」「危急種」として紹介しています。
※渡り鳥の分布は3色に色分けされていますが、色分けは目安で、実際の分布と同じではありません。

分類 ● 特徴がにた動物をまとめて整理したもの　　全長 ● 体長と尾長を足した長さ　　体長 ● 頭から尾のつけ根までの長さ
尾長 ● 尾のつけ根から先までの長さ　　体重 ● 体全体の重さ（尾長と体重は、データをのせていないものもあります）
食べ物 ● おもな食べ物　　生息環境 ● くらしている自然環境　　分布 ● くらしている地域

動物のちえ ❸

育てるちえ 引っこしをして子育てするツバメ ほか

2014年2月　1刷　2021年12月　5刷

編　著	ネイチャー・プロ編集室
発行者	今村正樹
発行所	株式会社 偕成社
	〒162-8450　東京都新宿区市谷砂土原町3-5
	☎（編集）03-3260-3229　（販売）03-3260-3221
	http://www.kaiseisha.co.jp/
印　刷	大日本印刷株式会社
製　本	東京美術紙工

© 2014 Nature Editors
Published by KAISEI-SHA, Ichigaya Tokyo 162-8450
Printed in Japan
ISBN978-4-03-414630-9
NDC481　40p.　28cm

※落丁・乱丁本は、おとりかえいたします。
本のご注文は電話・ファックスまたはEメールでお受けしています。
Tel: 03-3260-3221　Fax: 03-3260-3222　E-mail: sales@kaiseisha.co.jp